4种食材快速做早餐

[法]贝朗热尔·亚伯拉罕 编著
张蔷薇 译
法布里斯·贝斯 摄影

中国农业出版社
CHINA AGRICULTURE PRESS
北 京

前言

Préface

这本书可以让您做出健康、营养均衡且美味的早餐。早上，我们常常没有时间做饭，在这种情况下，如果仅仅用4种原料就可以做出早餐，将是一件理想的事情。不需要复杂难寻的原料，也不用担心买原料不易，您可以去那些有机食品杂货铺逛逛，可以很容易买到那些推荐的产品。

丰富的奶制品可为您提供多种质地和口味的选择。您可以选择牛奶或植物奶，如杏仁奶、椰奶、燕麦奶、米浆、豆奶、榛子奶或荞麦奶，这些奶产品在市场上很常见，您可以用它们煮粥或搭配什锦麦片。

还有丰富多样的糖类，如香草糖、红糖、椰子糖、龙舌兰糖浆、椰子糖浆或枫糖浆。关于蜂蜜，您可以根据季节或喜好来选择它们，如枣花蜂蜜、槐花蜂蜜、百花蜂蜜等。

提到乳制品，不要犹豫，您应当尝试感受不同的质地和口味，如白奶酪、鲜奶酪、酸奶等。

谷物片主要用于制作粥或谷物麦片（详见本书第88页的食谱）。燕麦片是极好的纤维和铁的来源，也可以用米麦片或荞麦片代替它们。

一顿营养均衡的早餐还应在餐食中加入一些含油性的原料，如核桃、榛子、开心果、碧根果等。这些坚果含有丰富的脂肪，可为您的早餐带来不同风味和多样口感。

如果想要制作小奶油或是一些具有稠厚奶油性状的食物，可以使用珍珠西米、木薯球、奇亚籽或藜麦，用它们与牛奶一起炖，就能制作出香软和爽口的成功早餐！

最后，不要忘记使用时令水果！

贝朗热尔·亚伯拉罕

目录

Sommaire

理想的橱柜

Le placard idéal

椰奶
Lait de coco

米浆
Lait de riz

蜂蜜
Miel

枫糖浆
Sirop d'érable

杏仁奶
Lait d'amande

奇亚籽
Graines de chia

燕麦奶
Lait d'avoine

牛奶
Lait de vache

香草糖
Sucre vanillé

酸奶
Yaourts

蓝莓粉
Poudre d'açaï

小瑞士酸奶
Petits-suisses

荞麦麦片
Flocons de sarrasin

油性坚果
Oléagineux

燕麦麦片
Flocons d'avoine

谷物坚果组合麦片
Müesli

珍珠西米
Perles du Japon

红藜麦
Quinoa rouge

健康碗

Bols healthy

新的一天开始了，没有什么比一顿完美的早餐更重要的了。
这些健康的“早餐碗”对身体和心灵有益，就连素食主义者和乳糖不耐受症患者也能愉快地接受它们。
对于大多数人来说，这些美妙食物的组合也是聚会的不二选择。

杏仁奶500毫升

燕麦片85克

带果粒的苹果-蓝莓果泥4汤勺

蓝莓125克

杏仁奶麦片粥

配苹果蓝莓果泥

PORRIDGE AU LAIT D'AMANDE

FLOCONS D'AVOINE ET COMPOTE POMMES-MYRTILLES

2人份

准备时间：5分钟 · 烹饪时间：10分钟

首先，在平底锅内倒入杏仁奶并加热，再倒入燕麦片，充分搅拌使其均匀混合。

然后，根据个人喜好在锅内加入2汤勺糖粉，开文火煮10分钟左右，直至燕麦粥变得浓稠。

最后，在燕麦粥微热或冷却时，搭配苹果-蓝莓果泥和若干新鲜蓝莓享用。

++

苹果-蓝莓果泥菜谱请参考本书第85页。

椰奶400毫升

金色砂糖3汤勺

燕麦片70克

草莓250克

椰奶麦片粥

配草莓

PORRIDGE AU LAIT DE COCO

ET FRAISES

2人份

准备时间：10分钟·烹饪时间：10分钟

首先，用平底锅将椰奶连同少许水慢慢加热，期间，加入砂糖和燕麦片，开文火煮10分钟左右，直至燕麦粥变得浓稠。

然后，将草莓清洗干净并沥干水分，去除果蒂后切薄片，取一半的草莓薄片加到热燕麦粥里，并将燕麦粥盛入碗中。

最后，将剩余的草莓摆放在盛好的燕麦粥上，可即刻享用，无需等待。

++

本菜谱在任何季节均可尝试，只需将草莓替换成苹果或其他水果。

椰奶400毫升

荞麦片80克

小柑橘瓣若干

脱粒石榴适量

椰奶荞麦粥

配小柑橘和石榴

PORRIDGE AU SARRASIN

LAIT DE COCO, CLÉMENTINES ET GRENADE

2人份

准备时间：10分钟·烹饪时间：10分钟

首先，用平底锅将椰奶连同少许水慢慢加热，再加入荞麦片，撒入糖粉，开文火煮10分钟左右，直至荞麦粥变得浓稠。

然后，将小柑橘去皮，并拆分成若干瓣儿，石榴脱粒。

最后，在盛有荞麦粥的碗里均匀撒上水果，在温热时享用。

++

您也可以搭配酸性果汁（如橙汁、胡萝卜汁、姜汁），享用别样的荞麦粥（果汁菜谱详见本书第90页）。

（玫瑰色葡萄和白葡萄）
葡萄150克

椰子果肉片2汤匀

椰子味酸奶250克

新鲜金黄葡萄干50克

椰汁酸奶

配葡萄、葡萄干和椰子果肉片

YAOURT AU LAIT DE COCO

RAISINS ET COPEAUX DE COCO GRILLÉS

2人份

准备时间：5分钟·烹饪时间：3分钟

首先，将葡萄脱粒并洗干净，再将每粒葡萄一切两半。

然后，在平底锅内倒入油，煎烤椰子果肉片，并晾凉。

取两只碗，分别倒入椰子味酸奶，再将金黄葡萄干、玫瑰色葡萄、白葡萄和椰子果肉片依次在酸奶上摆成一行。

无需等待，可即刻享用。

++

您也可以用自己制作的酸奶或其他酸奶替换椰子味酸奶（详见本书第84页）。

椰奶400毫升

日本珍珠西米3汤勺

菠萝半个

芒果-百香果果酱一小碗

日式西米露

配椰奶和异域水果

PERLES DU JAPON

LAIT DE COCO ET FRUITS EXOTIQUES

2人份

准备时间：20分钟 · 烹饪时间：20分钟 · 冷藏时间：3小时

首先，用小平底锅将椰奶连同2汤勺糖粉一起加热，当锅内食材开始变热时，加入日本珍珠西米，并用小火继续煮20分钟左右，直至西米变至半透明状，且锅内全部食材变得浓稠。

然后，将菠萝去皮，取果肉切小丁。

将椰奶西米露倒入碗中，并置于冰箱内冷藏3小时。

最后，搭配芒果-百香果果酱和菠萝丁享用。

++

芒果-百香果果酱配方详见本书第84页。

杏仁奶300毫升

奇亚籽25克

龙舌兰糖浆2汤勺

覆盆子果酱100毫升

奇亚籽布丁

配杏仁奶和覆盆子果酱

CHIA PUDDING

LAIT D'AMANDE ET COULIS DE FRAMBOISES

2人份

准备时间：5分钟 · 冷藏时间：1晚

首先，将杏仁奶、奇亚籽和龙舌兰糖浆均匀混合。

然后，将准备好的食材一起倒入碗中，并放入冰箱冷藏过夜。

次日，取出冷藏的奇亚籽布丁，搭配奶油和覆盆子果酱享用。

++

1. 龙舌兰糖浆是一种味道甘甜的饮品，是人们采集龙舌兰的新鲜汁液加入适量糖类物质，经过熬制以后得到的浓稠液体。龙舌兰糖浆含有丰富的果糖和葡萄糖，食用后能为身体补充大量能量，缓解身体疲劳。

2. 覆盆子果酱配方详见本书第85页。

白奶酪

配红糖和芒果酱

FROMAGE BLANC

CASSONADE ET COMPOTE DE MANGUES

芒果（小）2个

粗粒红糖35克

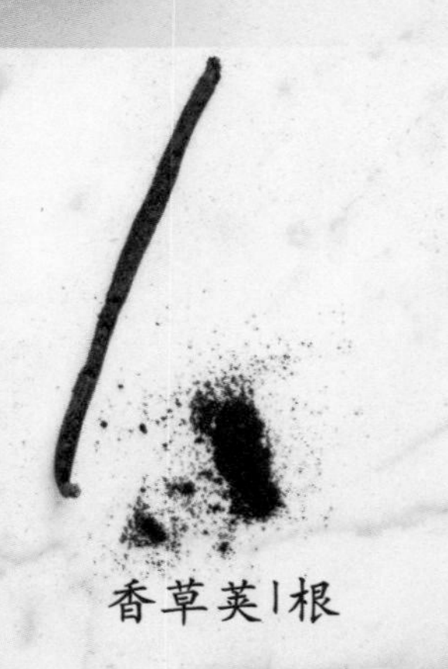

香草荚1根

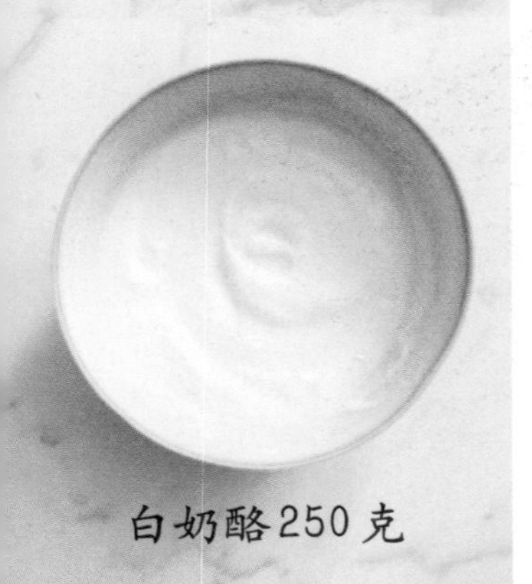

白奶酪250克

2人份

准备时间：10分钟 · 烹饪时间：15分钟

首先，将芒果去皮，取其中一个，将果肉切成小丁。再将另一个的果肉切成大块，和粗粒红糖一起放入平底锅内。

然后，剖开香草荚，取出香草籽并放入平底锅内。

将平底锅置于炉灶上，盖上盖子，开文火煮15分钟，并搅拌均匀。

将白奶酪分别放入碗中，加入一点芒果酱和新鲜的芒果即可享用。

可用白奶酪搭配涂有番石榴果酱的全麦面包享用。

慕斯碗

配香蕉、猕猴桃和椰肉片

SMOOTHIE BOWL

BANANES, KIWIS ET COCO

香蕉5根（切片）

原味酸奶250克

干椰肉30克

金猕猴桃2个（切片）

2人份

准备时间：10分钟

首先，将4根切好的香蕉和酸奶、一半的椰肉一起放入搅拌机混合，制成顺滑稠厚的慕斯。

然后，将慕斯倒入2个大碗中，并在慕斯上面均匀摆放好剩余的香蕉片、猕猴桃片和剩余的椰肉。

最后，无需等待，可即刻享用。

++

家庭自制酸奶配方详见本书第84页。

熟透的芒果1个（切块）

蓝莓125克

羊奶酸奶250克

谷麦粒4满汤勺

羊奶酸奶

配芒果、谷麦粒和蓝莓

YAOURT DE BREBIS

MANGUE, GRANOLA ET MYRTILLES

2人份

准备时间：15分钟

首先，在搅拌杯中倒入一半的芒果块和少许水，将其均匀搅拌，制成顺滑的果泥。

然后，将预先洗好的一部分蓝莓放在碗的底部，并在上面加入酸奶。

在酸奶的表面均匀铺上芒果果泥、剩余的蓝莓、谷麦粒和芒果块。

最后，无需等待，可即刻享用。

++

谷麦是一种以燕麦片、坚果、蜂蜜等作为原料，经过烘烤制成的实物，一般被当作早餐或零食食用。谷麦的做法详见本书第88页。

香蕉4根（切片）

蓝莓250克

原味酸奶200克

罂粟籽2咖啡勺

原味酸奶慕斯碗

配蓝莓和罂粟籽

SMOOTHIE BOWL

MYRTILLES-PAVOT

2人份

准备时间：15分钟·冷冻时间：2小时·烹饪时间：10分钟

首先，在平底锅内放入一半的蓝莓和2汤勺糖粉，制成蓝莓果泥。

然后，将香蕉去皮，切圆片，随后放入冰箱，冷冻2小时。之后将冻香蕉片和酸奶一起搅拌混合后倒入碗中。

在碗中铺上蓝莓果泥、鲜蓝莓和罂粟籽。

最后，无需等待，可即刻享用。

++

1. 家庭自制酸奶配方详见本书第84页。

2. 罂粟籽又名御米，为罂粟的种子，无毒，是一种在世界各地广泛使用的调味料，许多地区也将它作为一种草药使用。

草莓500克

柠檬汁1升

覆盆子125克

谷麦粒4汤勺

草莓羹

配谷麦和覆盆子

SOUPE DE FRAISES

GRANOLA ET FRAMBOISES

4人份

准备时间：15分钟 · 烹饪时间：10分钟

首先，将草莓清洗干净，沥干水并剔除果蒂部分，一切两半。

然后，将草莓放入平底锅内，同2汤勺糖粉、50毫升水和柠檬汁一起用文火熬煮10分钟，搅拌均匀后制成顺滑的草莓羹。

最后，将准备好的草莓羹晾凉后，撒上一些覆盆子和谷麦粒一起享用。

++

谷麦的做法详见本书第88页。

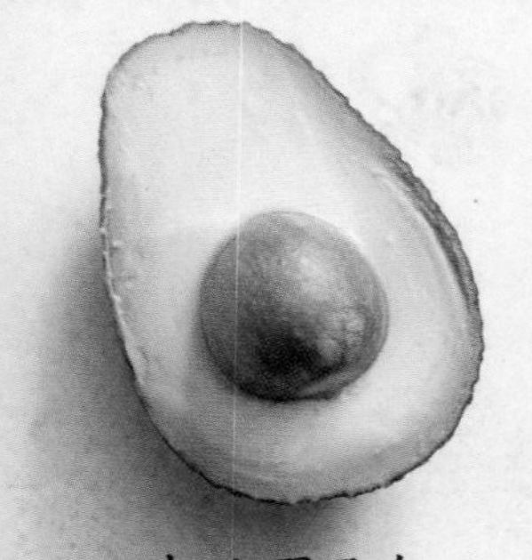

牛油果3个

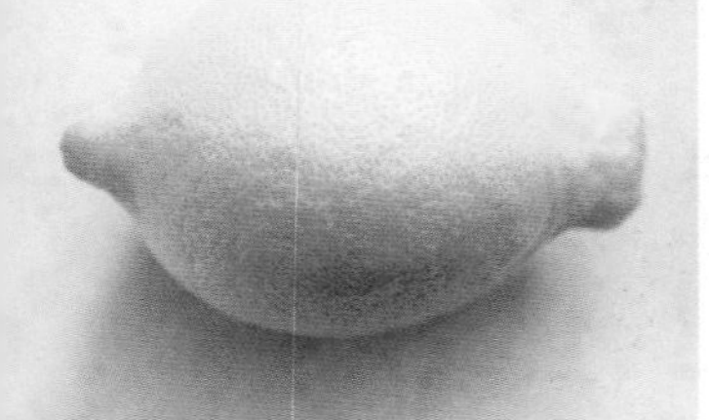

柠檬1个（榨汁）

香蕉2根（切片）

石榴半个

香蕉果泥

配牛油果和石榴

PURÉE DE BANANES

AVOCATS ET GRENADE

2人份

准备时间：20 分钟

首先，将两个牛油果去皮，剔除果核，取果肉与一半的柠檬汁、香蕉片、两汤勺糖粉充分搅拌混合。

然后，将石榴脱粒。用水果挖球器将剩余的牛油果制成球形果肉球，并同剩余的柠檬汁和一小撮糖粉一起放入碗中，搅拌均匀。

将牛油果和香蕉的混合果酱分别放入两个碗中，并在上面撒上石榴粒和牛油果果肉球。

最后，无需等待，可即刻享用。

++

牛油果和石榴是开始全新一天的超赞食物，富含维生素和多种矿物质元素，对人体十分有益。

杏仁奶500毫升

香草糖4汤勺

熟藜麦200克

微酸的苹果4个

藜麦杏仁奶

配苹果和香草糖

QUINOA AU LAIT D'AMANDE

POMMES ET SUCRE VANILLÉ

2人份

准备时间：15分钟 · 烹饪时间：10分钟

首先，将杏仁奶同一汤勺香草糖一起在锅中加热，再放入熟藜麦，继续熬煮5～10分钟，制成藜麦杏仁奶。

然后，将苹果洗净，沥干水分并切成方块，放入平底锅内，用一小块黄油快速煎至金黄色，并加入香草糖混合。

最后，将藜麦杏仁奶搭配煎好的苹果丁食用，可根据需要，酌情加入糖。

++

本菜谱可以搭配早间红茶或熏茶，比如正山小种红茶。

蓝莓粉早餐碗

配香蕉、覆盆子和杏仁奶

AÇAÏ BOWL

2人份

准备时间：10分钟 · 冷冻时间：3小时

首先，将2/3的香蕉片同覆盆子一起倒入盘子中，放入冰箱冷冻3小时左右。期间，准备好其他水果待用。

然后，取出已经冷冻好的水果，同蓝莓粉、杏仁奶一同搅拌混合。

将搅打好的食材倒入碗中，再放上预留待用的香蕉片和覆盆子。

最后，无需等待，可即刻享用。

椰子2个

香蕉4根（切片）

覆盆子200克

蓝莓125克

椰子碗

配香蕉、覆盆子和蓝莓

COCONUT BOWL

2人份

准备时间：15分钟

首先，将椰子一切为二，保留内部椰汁，并刮下内壁上的椰子肉，制成椰肉碎粒。

然后，将3根切好的香蕉、2勺糖粉、椰汁和一半的覆盆子，一起用搅拌机搅拌混合。

将搅拌好的食材一起放入椰子壳中，并在上面均匀摆放上剩余的香蕉片、覆盆子、蓝莓和椰肉碎粒。

最后，可即刻享用。

++

此菜谱需要选用新鲜椰子，且不要扔掉椰汁。
椰汁可以直接饮用或与其他异域水果混合制成浓稠慕斯。

美味碗

Bols gourmands

如果您打算制作更丰盛或是更原生态的早餐，这里有可供尝试的、能够开启美好一天的早餐制作小妙招。

当您不能按时吃早餐时，书中这些美味的“早餐碗”菜谱会让您在工作间隙也能补充能量。

香蕉4根（切片）

可可粉5汤勺

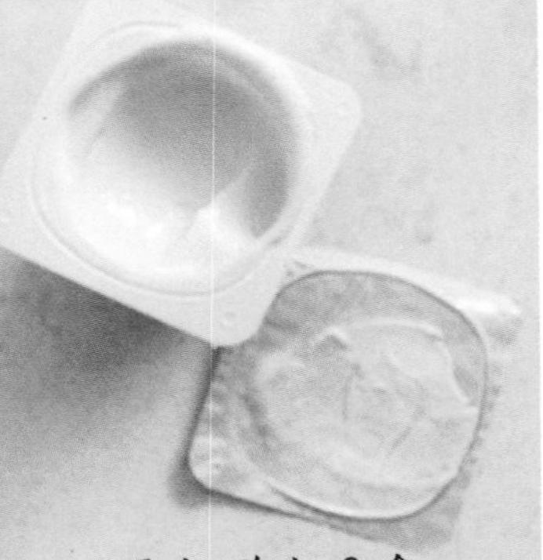
豆奶酸奶2盒

榛子仁60克

豆奶酸奶慕斯碗

配香蕉和榛子仁

SMOOTHIE BOWL

BANANES-CHOCOLAT

2人份

准备时间：10分钟 · 烹饪时间：2分钟

首先，将3根切好的香蕉、4勺可可粉和豆奶酸奶搅拌混合，制成慕斯。

然后，用平底锅将榛仁煸炒烘干，并碾碎成大颗粒。

将准备好的慕斯倒入碗中，并在上面依次摆放剩余的香蕉片，撒上可可粉和干榛仁碎。

最后，无需等待，可即刻享用。

++

本菜谱中的慕斯碗可搭配日本特色的干荞麦享用。

杏仁奶600毫升

蜂蜜3汤勺

硬质小麦粗面粉70克

橙子果肉2个

麦香糊

配杏仁奶和橙子

SEMOULE

AU LAIT D'AMANDE ET ORANGES

2人份

准备时间：10分钟 · 烹饪时间：10分钟 · 冷藏时间：2小时

首先，在平底锅内倒入杏仁奶和一半的蜂蜜。

然后，将杏仁奶和蜂蜜一起加热，再撒入粗面粉，用小火煮，使之均匀混合、不挂锅。

当锅内混合物变稠后，关火并将其倒入碗中，随后放入冰箱，冷藏至少2小时。

最后，将切好的橙子果肉放在制作好的麦香糊上，同时浇上少许蜂蜜，即可享用。

++

若需要给本菜谱增加一些酥脆口感，可以加入一些开心果仁碎或是扁桃仁片。

燕麦奶500毫升

燕麦奶米布丁

配蓝莓

RIZ AU LAIT D'AVOINE

ET MYRTILLES

香草味糖6汤勺

2人份

准备时间：10分钟·烹饪时间：40分钟

圆粒米3汤勺

首先，将燕麦奶和一半的糖混合，倒入平底锅内。

然后，在锅内加入一些圆粒米，开中火将平底锅内的食材慢慢煮熟。煮制期间，需要不断搅拌，直至稻米变熟并呈黏稠质地。

另取一平底锅，倒入一半的蓝莓、剩余的糖和少许水，用文火煮10分钟，不要过熟，制成果酱。

最后，将燕麦奶米布丁搭配蓝莓果酱和新鲜蓝莓冷食。

蓝莓250克

++

为了使本菜谱更加美味，可以加入200毫升由新鲜奶油打发制成的香缇奶油。

燕麦粥

配苹果和肉桂

PORRIDGE AU LAIT D'AVOINE

POMMES-CANNELLE

2人份

准备时间：10分钟 · 烹饪时间：10~15分钟

燕麦奶350毫升

肉桂粉1平汤勺

燕麦片85克

苹果2个（切片）

首先，将燕麦奶和2汤勺糖粉一起加热。

然后，加入肉桂粉和燕麦片，用文火煮5~10分钟，直至锅内食材变得黏稠。

期间，将苹果片放入长柄平底锅内，加入一满勺糖，煎至焦糖状。

最后，将燕麦粥搭配煎好的苹果片一起享用，无需等待。

本菜谱可选用任意品种的植物奶，如米奶、杏仁奶、椰奶或榛仁奶。

水果麦片粥

配苹果

BIRCHER MÜESLI

AUX POMMES

2人份

准备时间：10分钟 · 冷藏时间：1晚

原味酸奶200克

牛奶100毫升

水果麦片120克

微酸的苹果2个

首先，将酸奶、牛奶和水果麦片混合，并根据个人口味加入一汤勺或更多的糖，随后将其放入冰箱冷藏过夜。

次日，将苹果洗净并切成条状。

最后，将冷藏过夜的酸奶麦片搭配新鲜苹果条一起食用。

++

家庭自制酸奶配方参见本书第84页。

稀奶油500毫升

糖粉100克

柠檬汁100毫升

谷麦8汤匀

柠檬奶油

配谷麦

CRÉMEUX CITRON

ET GRANOLA

2人份

准备时间：5分钟·烹饪时间：10分钟·冷藏时间：3小时

首先，在平底锅内，将奶油和糖粉一起加热，小火微微煮沸，随后倒入柠檬汁，并用文火继续煮5分钟。

然后，将锅内食材均匀混合，倒入提前准备好的两个碗中。

将盛好食材的碗放入冰箱冷藏3小时。

最后，在做好的柠檬奶油上撒上谷麦一起食用。

++

谷麦的做法参见本书第88页。

芒果半个（切块）

香草味酸奶2杯

石榴粒4汤勺

谷麦6汤勺

香草酸奶

配谷麦、石榴和芒果

YAOURT VANILLE

GRANOLA, GRENADE ET MANGUE

2人份

准备时间：10分钟

首先，将芒果去皮，切成同等大小的方块。

然后，将酸奶分别放入两个碗中，并在表面撒上一行石榴粒。

最后，在酸奶碗上以同样的方式先放入谷麦，然后再放入芒果。如果后续还有原料剩余的话，则以同样的方式反复加入，直至原料用完。

谷麦的做法参见本书第88页。

奶油南瓜泥
200克

杏仁奶200毫升

杏仁酱3汤勺

谷麦4满汤勺

奶油南瓜夏季慕斯碗

配杏仁奶、杏仁酱和谷麦

SMOOTHIE BOWL

D'AUTOMNE

2人份

准备时间：10分钟

首先，在搅拌机内放入奶油南瓜泥、杏仁奶和两汤勺杏仁酱，加入1汤勺糖粉。

然后，将全部食材搅拌成质地顺滑且均匀的糊状。

最后，将准备好的食材倒入两个碗中，并在上面加入谷麦和剩余的1汤勺杏仁酱。

谷麦的做法参见本书第88页。

全脂牛奶500毫升

斯佩尔特麦片80克

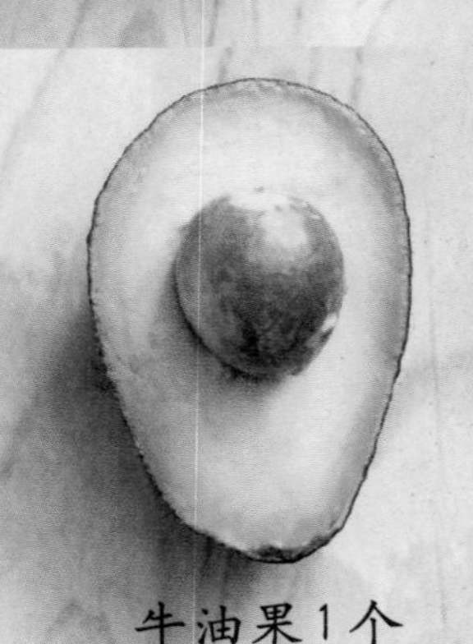

牛油果1个

覆盆子100克

麦片粥

配斯佩尔特麦片、牛油果和覆盆子

PORRIDGE

FLOCONS D'ÉPEAUTRE, AVOCAT ET FRAMBOISES

2人份

准备时间：10分钟·烹饪时间：8分钟

首先，将牛奶和两汤勺糖粉一同加热，并加入斯佩尔特麦片，用文火一起煮5～10分钟，直至锅内食材混合物开始变稠。

在此期间，将牛油果去皮剔核，取果肉切成薄片。

最后，将麦片粥搭配新鲜覆盆子和牛油果肉一起享用。

++

用斯佩尔特小麦麦片制成的麦片粥比用燕麦制成的麦片粥更具紧实的口感。如果想要更浓稠的口感，也可以在碗中加入一大勺酸奶。

牛奶咖啡350毫升

燕麦片85克

碧根果果仁50克

小巧克力4汤勺

牛奶咖啡麦片粥

配枫糖浆和碧根果果仁

PORRIDGE CAFÉ AU LAIT

SIROP D'ÉRABLE ET PÉCAN

2人份

准备时间：10分钟·烹饪时间：12分钟

首先，将牛奶咖啡和两汤勺糖粉一同加热。

然后，再加入燕麦片，一起用文火煮5～10分钟，直至锅内食材变得黏稠。

期间，将碧根果果仁碾成大颗碎粒。

最后，将燕麦片粥搭配小巧克力和碧根果果仁一起享用。

++

也可以将本菜谱中的牛奶咖啡替换成奶茶（奶茶的做法详见本书第93页）。

紫色无花果4个

蜂蜜4汤勺

原味小瑞士酸奶4杯

谷麦4满汤勺

小瑞士酸奶

配谷麦、无花果和蜂蜜

PETITS-SUISSES

GRANOLA, FIGUES ET MIEL

2人份

准备时间：10分钟·烹饪时间：5分钟

首先，将无花果洗净，每个切成4份，取一半的无花果，同少许蜂蜜一同用平底锅煎炒。

然后，将小瑞士酸奶倒入碗中，再放上炒熟的无花果、新鲜无花果和谷麦。

最后，浇上蜂蜜，即可享用。

++

1. 小瑞士酸奶是凝固型酸奶，也可以用老酸奶替代。
2. 谷麦的做法参见本书第88页。

布里欧修面包4片

鸡蛋3个

牛奶200毫升

香缇奶油200克（打发至质地硬实，不流动）

藏起来的面包

配鸡蛋、牛奶和香缇奶油

MOUILLETTES DE PAIN PERDU

ET CHANTILLY

2人份

准备时间：10分钟 · 烹饪时间：5分钟

首先，将布里欧修面包片切成条形。

然后，将鸡蛋和牛奶混合后一起搅打。

再将每根面包条放入搅打好的蛋奶混合液中，使之均匀地蘸满蛋奶液，并在蘸好的面包条上撒一点糖粉；随后，锅中放一小块黄油，将面包条每面煎至金黄色焦糖状。

最后，将香缇奶油倒入碗中，再插上煎制好的面包条。

++

1. 布里欧修面包是法国面包（Brioche）是用大量鸡蛋和黄油制成的，外皮金黄酥脆，内部柔软。法国当地人把其当作酥皮点心或者用其制作甜点享用。

2. 本菜谱可以搭配红浆果或是覆盆子果酱享用（覆盆子果酱菜谱请参见本书第85页）。

微酸的苹果3个（切块）

蜂蜜4汤勺

肉桂粉2咖啡勺

山羊酸奶2个

山羊酸奶

配蜂蜜熟苹果和肉桂

YAOURT DE BREBIS

POMMES CUITES AU MIEL ET À LA CANNELLE

2人份

准备时间：10分钟・烹饪时间：8分钟

首先，将苹果洗净，剔除果核部分，并切成小方块。

然后，将苹果块、少许蜂蜜和一半的肉桂粉一起放入锅中，用文火炒制5～10分钟，直至变熟。

将酸奶倒入碗中，并将炒制好的苹果块放在上面。

最后，撒上肉桂粉，浇上蜂蜜，即可享用。

++

本菜谱可搭配秋季家庭自制苹果葡萄汁（果汁菜谱详见本书第90页）食用。

红藜麦120克

米浆450毫升

枫糖浆4汤勺

梨2个

红藜麦餐碗

配米浆、藜麦、糖浆和梨

BOL DE QUINOA ROUGE

LAIT DE RIZ, QUINOA, SIROP D'ÉRABLE ET POIRES

2人份

准备时间：10分钟·烹饪时间：23分钟

首先，将藜麦清洗干净，放入锅中，并加入等同于其体积两倍的水，将其煮熟并沥干水分。将沥干水分的藜麦、米浆和一半的糖浆一起放入平底锅内。

然后，将锅内的全部食材一起煮10～15分钟，直至汤汁被充分吸收。

梨去皮并切成薄片。

最后，将做好的藜麦搭配梨片，并撒上枫糖浆一起食用。

++

本菜谱可搭配家庭自制热肉桂巧克力（家庭自制热肉桂巧克力菜谱请参见本书第92页）食用。

稀奶油300毫升

香草糖40克

苹果-梨果泥200克

水果麦片4满汤勺

香缇奶油

配梨子苹果酱和水果麦片

COMPOTE POMMES-POIRES

ET CHANTILLY

2人份

准备时间：10分钟 · 冷冻时间：15分钟

首先，将稀奶油放入冰箱冷冻15分钟后取出，用电动搅拌机打发，至奶油呈现较硬质地（提起打蛋器有尖角，不滴落）。

然后，加入香草糖继续搅打。

最后，将打发的香缇奶油搭配苹果-梨果泥和水果麦片一起享用。

苹果-梨果泥菜谱请参见本书第85页。

咸香碗

Bols salés

世界上许多国家都有种类丰富的早餐。传统意义上，人们的早餐是甜的，但也有很多国家的早餐是咸的。

下文将会为大家介绍一些能够给一天带来新元气，或使新的一天更愉快的完整多样的早餐制作方法。

牛油果酱碗

配鸡蛋、法棍面包片和细香葱

BOL GUACAMOLE

ET ŒUF

2人份

准备时间：15分钟·烹饪时间：5分钟

首先，准备牛油果酱。将牛油果去皮，剔核，取出果肉，同少许橄榄油混合在一起碾碎，加盐和胡椒粉调味。

然后，将法棍面包片切成小丁，放入平底锅内用少许橄榄油煎炒。

在平底锅内加水并煮沸，放入鸡蛋煮5分钟，直至鸡蛋变熟，取出后放入冷水中，随后剥去蛋壳。

将做好的牛油果酱放入碗中，并在每个碗中加一个鸡蛋，撒上细香葱，再放上煎好的面包丁。

最后，无需等待，可即刻享用。

++

可在做好的牛油果酱上加少许辣椒。

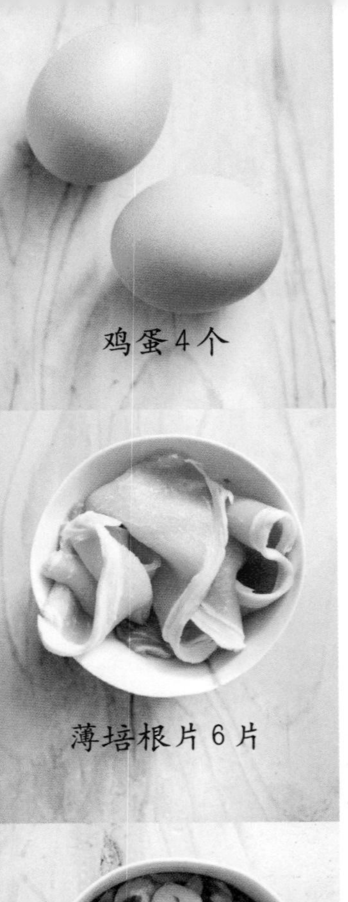

鸡蛋4个

薄培根片6片

榛子仁50克

细香葱1小捆（切碎）

美味蛋糊

配培根，榛子仁碎和细香葱

ŒUFS BROUILLÉS

BACON, NOISETTES ET CIBOULETTE

2人份

准备时间：15分钟·烹饪时间：5分钟

首先，将沙拉盆提前用水浴法准备好，再将鸡蛋打入已涂有黄油的水浴沙拉盆中，快速搅打后，加盐和胡椒粉调味。随后，将沙拉盆放入盛有少许沸水的平底锅内，用文火慢慢煮，同时不断搅拌盆内蛋液，直至蛋液呈黏稠奶油状。

在此期间，用油锅煎炒培根，将榛子仁碾碎并煸炒烘干。

最后，将鸡蛋搭配培根片，撒上细香葱和榛仁碎一起享用。

++

本菜谱若搭配一份慕斯、一份果味酸奶和涂黄油煎烤过的面包片，即是一份理想的早餐。

缤纷土豆泥

配樱桃番茄、小茴香和洋葱

MASH POTATOES

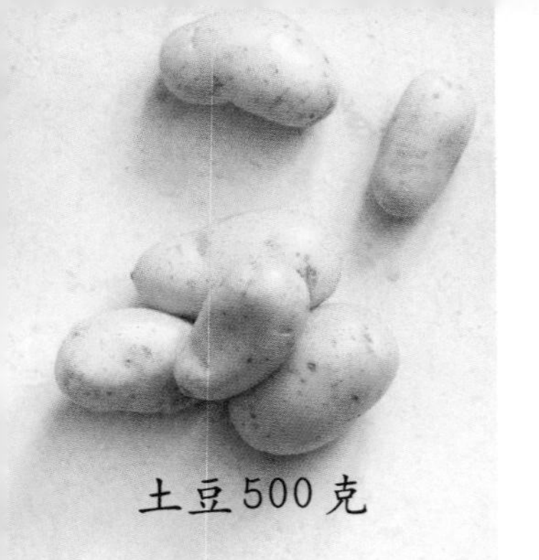
土豆500克

樱桃番茄10个

小茴香4根

红洋葱半个（切片）

2人份

准备时间：15分钟 · 烹饪时间：30分钟

首先，将土豆去皮，放入加有盐水的锅内煮30分钟，直至土豆熟透。

在此期间，将樱桃番茄洗净，沥干水分，每个切成两半；小茴香清洗干净，沥干水分。

将煮熟的土豆沥干水后，用叉子碾碎，浇入少许橄榄油，加盐和胡椒粉调味，再加入切好的小茴香碎、樱桃番茄和洋葱圈。

最后，无需等待，可即刻享用。

++

也可以根据时令或个人喜好来选择本菜谱中土豆泥的配菜，比如，可以加入熏鱼、生火腿或烤蔬菜。

牛油果3个

樱桃番茄10个

榛子仁50克

泡发后的藜麦3汤勺

咸慕斯碗

配樱桃番茄、榛子仁和藜麦

SMOOTHIE BOWL SALÉ

2人份

准备时间：15分钟

首先，将牛油果去皮，然后同少许橄榄油一起搅拌均匀，加入盐和胡椒粉调味，再将做好的牛油果泥倒入碗中。

然后，将樱桃番茄洗净并沥干水分，每个番茄切两半，放在牛油果泥上；再将榛子仁用锅煸炒至松脆，随后碾碎成颗粒，加入碗中。

最后，加上藜麦，撒上盐和胡椒粉调味，可即刻享用，无需等待。

++

本菜谱也可以加入一个柠檬的汁或少许辣椒香料，与牛油果泥混合，再将做好的牛油果泥盛入碗中享用。

口蘑8个

咸香藜麦碗

配蘑菇、菠菜和鸡蛋

BOL SALÉ QUINOA

CHAMPIGNONS, ÉPINARDS ET ŒUFS

菠菜150克

2人份

准备时间：15分钟·烹饪时间：10分钟

首先，将口蘑清洗干净并切片，用少许橄榄油煎至金黄色。

然后，将菠菜洗净并沥干水分，切段，用少许橄榄油微微煸炒几分钟。

将鸡蛋磕到水中，煮至溏心状。

最后，在碗中盛入热藜麦、菠菜和口蘑，放上鸡蛋，加盐和胡椒粉调味，便可即刻享用，无需等待。

鸡蛋2个

++

本菜谱中的早餐碗还可以搭配水果果酱、小牛奶面包或香蕉松饼，将早餐制成甜咸口味。

也可以将本菜谱中的菠菜替换成羽衣甘蓝卷心菜。

煮熟的藜麦200克

通用基础菜谱

Recettes de base

家庭自制酸奶 / YAOURTS MAISON

8份装·准备时间：10分钟

烹饪时间：10小时·冷藏时间：3小时

牛奶1升，原味酸奶1份，奶粉3汤勺

首先，将牛奶加热至45℃(如果没有温度计，可以将手指洗净后，伸入牛奶中感受温度，温度以不烫手为准)。

然后，将酸奶和奶粉一起搅打，随后加入牛奶。

将混合好的食材倒入8个小酸奶罐中，并放入酸奶机或已经预热至100℃(调至3～4档)的烤箱中，静置发酵10小时。

在发酵结束后，将酸奶放入冰箱冷藏至少3小时。

芒果-百香果果酱 / COULIS MANGUE-PASSION

准备时间：10 分钟

芒果1个，百香果1个，水100克，糖粉50克

先将芒果去皮并切成小方块。

再将芒果块、百香果果肉、水和糖粉一起用搅拌机均匀搅拌。

覆盆子果酱 / COULIS DE FRAMBOISES

准备时间：10分钟

覆盆子250克，糖粉50克，柠檬1个（榨汁）

首先，将覆盆子洗净并沥干水分。

然后，将覆盆子、糖粉和柠檬汁一起用搅拌机均匀混合，即可制成顺滑细腻的果酱。

苹果-梨果泥 / COMPOTE POMMES-POIRES

准备时间：10分钟・烹饪时间：20分钟

苹果3个，梨2个，香草糖2汤勺

首先，将苹果和梨去皮。

然后，将苹果和梨切成小方块，放入锅中，加入香草糖，一起用文火煎炒20分钟左右，直至果肉变熟呈果泥状。

最后，将锅内食材用搅拌机均匀搅拌，即可得到质地顺滑细腻的果泥。

苹果-蓝莓果泥 / COMPOTE POMMES-MYRTILLES

准备时间：10分钟・烹饪时间：20分钟

苹果4个，蓝莓150克，糖粉50克

首先，将苹果去皮并切成小块。

然后，将苹果同糖粉和蓝莓用文火一起煎炒20分钟左右，直至锅内食材变软呈果泥状。

最后，将制作好的食材晾凉。

家庭自制酸奶
Yaourt maison
芒果–百香果果酱
Coulis mangue-passion

覆盆子果酱
Coulis
de framboises
苹果-蓝莓果泥
Compote pommes-
myrtilles
苹果-梨果泥
Compote
pommes-poire

谷麦

Granolas

干果谷麦 / GRANOLA D'HIVER AUX FRUITS SECS

准备时间：20分钟・烹饪时间：30分钟

蜂蜜6汤勺，油2平汤勺，开口的香草荚1个，葡萄干5克，燕麦片140克，榛子仁70克，开心果15克，肉桂粉1咖啡勺，亚麻籽2汤勺，海盐1小撮

首先，将烤箱预热至150℃（调节档5档），蜂蜜和油一起加热。

然后，先将剩余原料混合，再将其加入到准备好的热液态原料中。将混合好的全部食材倒入烤盘中，入烤箱烘烤25分钟，直至全部食材烤熟且未烤制干裂。

最后，取出烤盘，待自然冷却后，将成品放入密封容器内保存。

椰子谷麦 / GRANOLA D'ÉTÉ COCO

准备时间：20分钟・烹饪时间：30分钟

榛子仁45克，蜂蜜75克，椰子油2汤勺，椰丝65克，燕麦片175克

首先，将烤箱预热至150℃（调节档5档），榛子仁用无油煎锅快速煸炒烘干，随后碾碎成大块颗粒。将蜂蜜和椰子油一起加热。

然后，将榛子仁、椰丝和燕麦片混合，再加入已经准备好的热蜂蜜油。将混合好的食材放入铺有油纸的烤盘上，入烤箱烘烤25分钟，直至全部食材烤熟且未烤制干裂。

最后，待其自然冷却后，装入密封容器内保存。

果汁和热饮

Quelques jus et boissons chaudes

橙汁（配胡萝卜、芹菜、姜）/ JUS D'ORANGE, CAROTTES-CÉLERI-GINGEMBRE

4人份

胡萝卜10根，芹菜1根，姜1块（3厘米长），鲜榨橙汁400毫升

首先，将胡萝卜清洗干净，去皮并切大块，芹菜洗净挑出两端。

然后，将胡萝卜、芹菜和姜一起放入榨汁机中榨汁。

最后，将榨好的胡萝卜芹菜姜汁同鲜橙汁混合，便可立刻享用，无需等待。

秋季果汁（苹果、葡萄和柠檬）/ JUS D'AUTOMNE, POMMES ET RAISINS

4人份

红香蕉苹果8个，白葡萄200克，红葡萄200克，薄荷10株，柠檬1个（榨汁）

首先，将全部水果洗净，苹果切块，薄荷洗净后沥干水分，摘下叶子并切大段。

然后，将全部水果、薄荷和柠檬汁一起放入榨汁机中榨汁，取出成品。

最后，可以放入冰块享用，无需等待。

绿果汁 / JUS VERT

4人份

胡萝卜6根，菠菜20个，黄苹果5个，芹菜茎2根，芹菜叶5片，柠檬2个（榨汁）

首先，将胡萝卜去皮切块，菠菜洗净沥干水分，每个苹果去核切成4份，芹菜洗净沥干水分。

然后，将全部水果和蔬菜一起放入榨汁机中榨汁。

最后，将榨完的果蔬汁和柠檬汁混合，并配上冰块享用。

杏仁奶慕斯（配香蕉、苹果和燕麦片）/ SMOOTHIE AU LAIT D'AMANDES, BANANES ET POMMES

4人份

酸苹果2个，香蕉3根，杏仁奶200毫升，燕麦片2汤勺，香草荚1个

首先，将苹果洗净，沥干水分，去籽切块，放入榨汁机榨汁待用。

然后，将香草荚一剖为二，取出香草籽，与去皮的香蕉、苹果汁、杏仁奶和燕麦片一起放入搅拌机中，再加入若干冰块一起充分搅拌。

最后，无需等待，可立即享用新鲜慕斯。

果蔬汁（苹果、黄瓜、芹菜和欧芹）/ JUS DE LÉGUMES, POMMES-CELERI-PERSIL

4人份

酸苹果10个，鲜姜1个（2厘米长），黄瓜半根，芹菜茎7根，欧芹1小捆

首先，将苹果洗净，除去果核部分，每个切成4份，生姜去皮，黄瓜洗净，芹菜和欧芹洗净沥干水，并剔除较大根茎。

然后，将全部食材一起放入榨汁机，榨汁待用。

最后，将榨好的蔬菜汁配上冰块享用。

热巧克力（配肉桂、香料和燕麦奶）/ CHOCOLAT CHAUD À LA CANNELLE, ÉPICES ET LAIT D'AVOINE

4人份

红糖20克，香草荚1个（剖开去籽待用），肉桂2根，八角1个，四川辣椒4个，燕麦奶800毫升，水400毫升，黑巧克力200克

首先，在平底锅内倒入红糖、香草、肉桂、八角和辣椒。

然后，开文火，使锅内红糖融化，再加入水和燕麦奶。继续加热5分钟，然后离火静置20分钟，过滤出奶。

之后，将巧克力用水浴法融化，再将融化后的巧克力和奶混合。

最后，将巧克力奶用文火再加热几分钟，即可享用。

维也纳榛子咖啡 / CAFÉ VIENNOIS AUX NOISETTES

4人份

咖啡4杯，黑巧克力4块，稀奶油300毫升（冷的），糖粉30克，榛仁碎30克

首先，将稀奶油打发成香缇奶油。

然后，加入糖粉，继续打发奶油，直至奶油呈现出质地硬实的黏稠状态。将4块巧克力分别放入4个杯子内，再倒入热咖啡，并在每杯咖啡上放上一大块香缇奶油。

最后，撒上榛仁碎，即可享用。

印度奶茶 / THÉ TCHAÏ

4人份

黑茶2满汤勺，豆蔻5个，糖粉适量，丁香2个，肉桂半根，姜粉1咖啡勺，黑胡椒5粒，红糖6咖啡勺，牛奶400毫升，水400毫升

首先，将全部香料混合在一起。

然后，取一平底锅，将水、牛奶、混合好的香料和茶一起加热并煮沸15分钟，随后，过滤出奶茶。

最后，在享用前，可根据个人口味给奶茶加糖。

致谢

Remerciements

感谢玛戈·勒奥姆、阿斯蒂尔·德·维拉特、路易斯李奥、克里斯蒂娜·佩罗森和马洛提供的能够给人们带来无限灵感的陶瓷餐具。

图书在版编目（CIP）数据

4种食材快速做早餐 /（法）贝朗热尔·亚伯拉罕编著；张蔷薇译．—北京：中国农业出版社，2020.7
（全家爱吃快手健康营养餐）
ISBN 978-7-109-26684-1

Ⅰ．①4…　Ⅱ．①贝…　②张…　Ⅲ．①食谱　Ⅳ．①TS972.12

中国版本图书馆CIP数据核字（2020）第044198号

Bols du petit déj'
©First published in French by Mango, Paris, France-2018
Simplified Chinese translation rights arranged through Dakai-L'agence

合同登记号：图字 01-2019-6733 号

策　划：张丽四　王庆宁
编辑组：黄　曦　程　燕　丁瑞华　张　丽　刘昊阳　张　毓
翻　译：四川语言桥信息技术有限公司
排　版：北京八度出版服务机构

4种食材快速做早餐
4 ZHONG SHICAI KUAISU ZUO ZAOCAN

中国农业出版社出版
地址：北京市朝阳区麦子店街 18 号楼
邮编：100125
责任编辑：刘昊阳
责任校对：赵　硕
印刷：北京缤索印刷有限公司
版次：2020 年 7 月第 1 版
印次：2020 年 7 月北京第 1 次印刷
发行：新华书店北京发行所
开本：710mm×1000mm　1/16
印张：6
字数：100 千字
定价：39.80 元
